数学时空大冒险

守护神龙的考验

梁平　智慧鸟　著

吉林出版集团股份有限公司 | 全国百佳图书出版单位

图书在版编目（CIP）数据

守护神龙的考验 / 梁平，智慧鸟著 . -- 长春 :吉林出版集团股份有限公司, 2024.2
（数学时空大冒险）
ISBN 978-7-5731-4539-0

Ⅰ. ①守… Ⅱ. ①梁… ②智… Ⅲ. ①数学 – 儿童读物 Ⅳ. ① O1-49

中国国家版本馆CIP数据核字(2024) 第016539号

数学时空大冒险

SHOUHU SHENLONG DE KAOYAN

守护神龙的考验

著　　者：梁　平　智慧鸟
出版策划：崔文辉
项目统筹：郝秋月
责任编辑：王　妍
出　　版：吉林出版集团股份有限公司（www. jlpg. cn）
（长春市福祉大路5788号，邮政编码：130118）
发　　行：吉林出版集团译文图书经营有限公司
（http: //shop34896900. taobao. com）
电　　话：总编办 0431-81629909　　营销部 0431-81629880 / 81629900
印　　刷：三河兴达印务有限公司
开　　本：720mm × 1000mm　1/16
印　　张：7.5
字　　数：100千字
版　　次：2024年2月第1版
印　　次：2024年2月第1次印刷
书　　号：ISBN 978-7-5731-4539-0
定　　价：28.00元

故事与数学紧密结合，趣味十足

在精彩奇幻的故事里融入数学知识
在潜移默化中激发孩子的科学兴趣

全方位系统训练，打下坚实基础

从易到难循序渐进的学习方式
让孩子轻松走进数学世界

数学理论趣解，培养科学的思维方式

简单易懂的数学解析
让孩子更容易用逻辑思维去理解数学本质

数学，在人类的历史发展中起到非常重要的作用。在我们的日常生活中，每时每刻都会用到数学。而要探索浩渺宇宙的无穷奥秘，揭示基本粒子的运行规律，就更离不开数学了。你有没有想过，万一有一天外星人来袭，数学是不是也可以帮我们的忙呢？

没错，数学就是这么神奇。在这套书里，你可以跟随小主人公，利用各种数学知识来抵抗外星人。这可不完全是异想天开，其实数学的用处比课本上讲的要多得多，也神奇得多。不信？那就翻开书看看吧。

人物介绍

米果

一个普通的小学生，对什么都好奇，尤其喜欢钻研科学知识。他心地善良，虽然有时有一点儿“马大哈”，但如果认准一件事，一定会用尽全力去完成。他无意中被卷入星际战争，成为一名勇敢的少年宇宙战士。

米果机甲

专为米果设计的智能战斗机甲，可以在战斗中保护米果的安全。后经过守护神龙的升级，这套机甲成了具有独立思想的智能机甲，也帮助米果成为一位真正的少年宇宙战士。

宇宙博士

抵御外星人进攻的科学家，一位严肃而充满爱心的睿智老人。

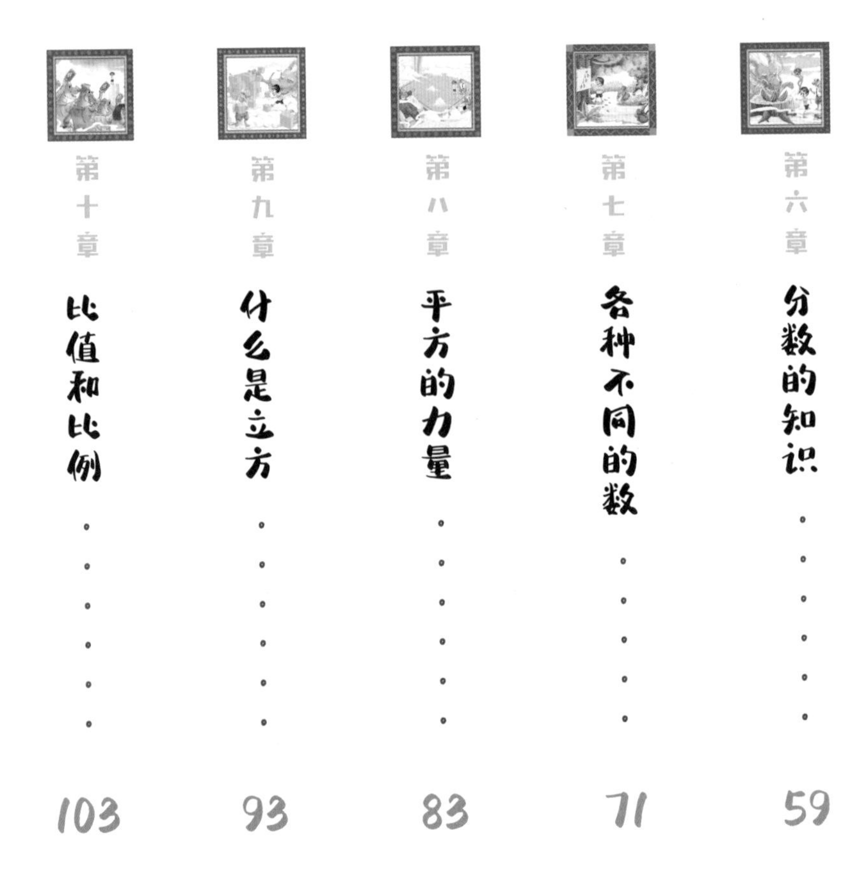

目录 CONTENTS

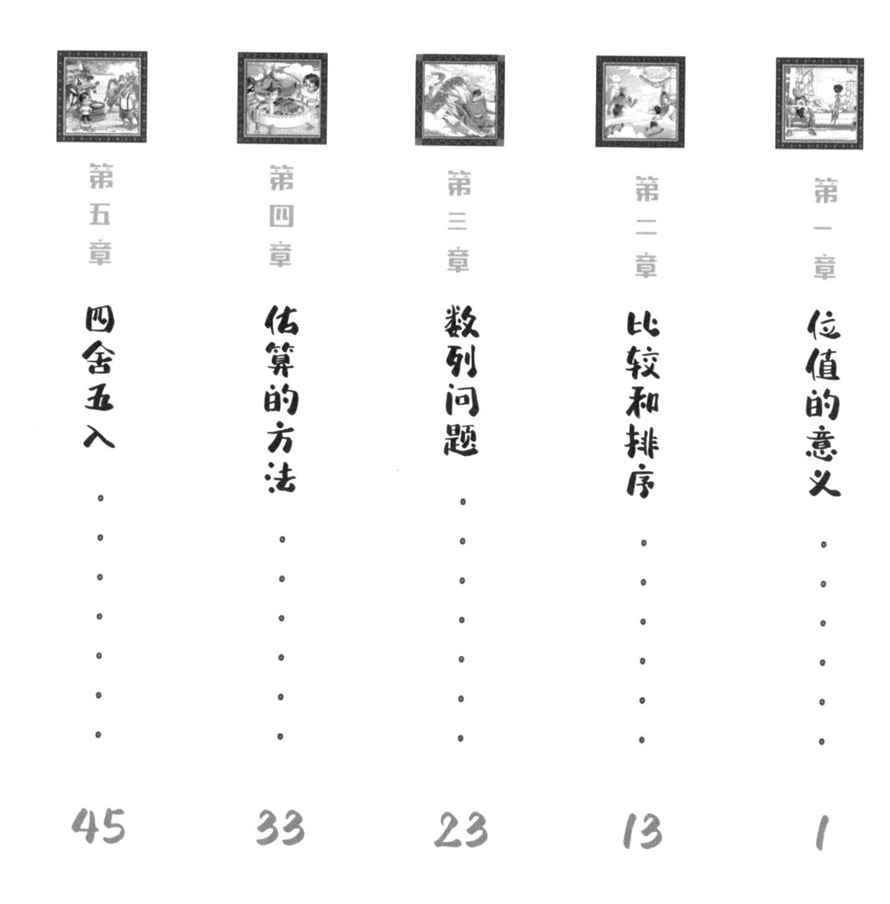

第一章
位值的意义
扫码开始
冒险勇气值测试
冒险智慧值提升
冒险技巧值挑战

在宇宙博士的帮助下，米果穿梭在过去和未来之间，一次又一次地化解了恶魔人的阴谋，终于和宇宙博士的老朋友小仙女重逢了。此时宇宙博士则化身为一只机械小蜘蛛紧紧贴在米果的机甲之上。在小仙女的引领下，米果和宇宙博士进入了神秘的时空数学管理局。

小仙女介绍说，时空数学管理局是一个从宇宙诞生起就存在的神秘机构，亿万年来，它为了保护与促进数学知识的进步、维系时间和空间的平衡，不断和宇宙中的黑暗势力战斗着。

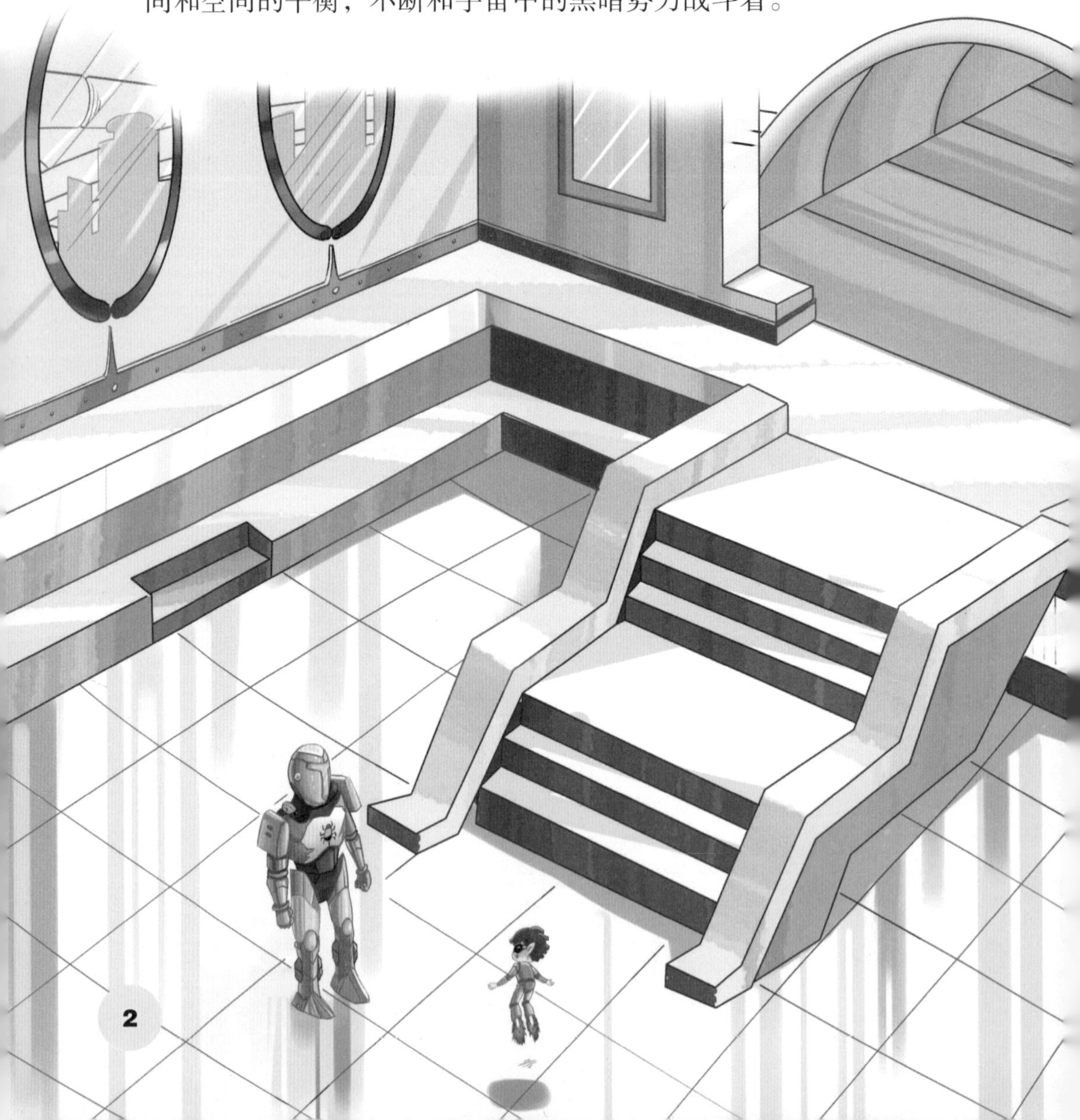

在小仙女的请求和鼓励下，米果和宇宙博士毫不犹豫地同意加入时空数学管理局，开始对恶魔人进行反击。

“宇宙博士、米果，在加入时空数学管理局之前，先接受数学之光的改造吧。”

小仙女一边儿说着，一边儿从眼睛中射出一道光束罩住米果机甲，并渐渐穿透了机甲，围绕着米果的身体，形成一道道三维扫描网格，网格不断被细分、渲染……最终从机甲中复制出来一个和米果一模一样的男孩儿形象，原来这是米果的全息影像，它和米果呼应着，活脱脱就是另一个米果。

米果奇怪地问：“小仙女，你这是在做什么？”

“请跟我来。”小仙女并没有回答，而是默默地在前面带路，他们在看不到尽头的宫殿走廊中走了十几分钟才停下来。小仙女指着左手边一根高耸的华丽廊柱说：“请和我一起进入英灵殿吧。”

说完，小仙女猛地加速，一头“撞”向了柱子。

“喂，你要干什么？”米果大吃一惊，还以为小仙女出了什么问题，赶忙控制着机甲飞过去，想要拦住小仙女。

可小仙女早已经进入柱子里，消失不见了。

“这是怎么回事？小仙女，你去哪里了？”

就在米果一脸惊讶的时候，小仙女刚刚为他建造的全息影像也“撞”上柱子，消失不见了。

“快进来呀，我已经打开了你们的通行权限。”柱子里忽然传来小仙女的声音。

“哈哈，真是太好玩儿了，原来这根柱子是一道传送门哪！”

米果立刻明白了是怎么回事，也毫不犹豫地一头“撞”了进去，而宇宙博士化身的机械蜘蛛则牢牢地趴在机甲的肩头上。

时空数学管理局的科技真是太发达了，宇宙博士用好几种射线对柱子进行扫描检测，却完全没有查出异样，一切数据都和现实中的柱子一模一样。

就像小仙女一样，米果和宇宙博士接触柱子后，一点儿没被撞疼，在穿过了一道色彩斑驳的光晕后，已经来到了另一处宽阔的大厅。

这座大厅没有边界，没有天花板，在湛蓝如海的无垠地面上，矗立着一座又一座高矮不一的纪念碑。几乎每座纪念碑上都立着一座雕像，这些雕像有男、有女、有老、有少，还有很多长相怪异、根本不是人类的生物。

小仙女解释说："这里是英灵殿，这些雕像都是亿万年来，时空数学管理局里牺牲的英雄。他们来自不同的时空、不同的星球、不同的种族，但共同的目标只有一个，那就是保护宇宙中的数学知识，维护宇宙的和平与安宁。"

"竟然……牺牲了这么多英雄……"

米果眼眶一热，立刻跳出机甲，面对所有的雕像行了一个礼。就连那些外貌形态和地球人不一样的外星英雄雕像，在他看起来也没有那么可怕，变得可爱了。

“请仔细看一下雕像下的纪念碑。”

小仙女挥动双手，英灵殿昏暗的光线变得明亮了起来。米果这才看清纪念碑上，用浮雕的形式展示着很多浩浩荡荡的战斗场面。

与此同时，米果也在纪念碑上发现了一个问题：每座纪念碑的底座上都刻着一个大大的外星单词，不同的纪念碑，单词也不一样。

“纪念碑上写的是英雄的名字吗？”米果迫不及待地问。

宇宙博士解释说：“这些单词是宇宙文，翻译成地球上的语言，就是数学里的位值。”

“位置？数学还需要什么位置吗？”米果疑惑地挠了挠脑袋。

“不，是位值。”小仙女回答道。

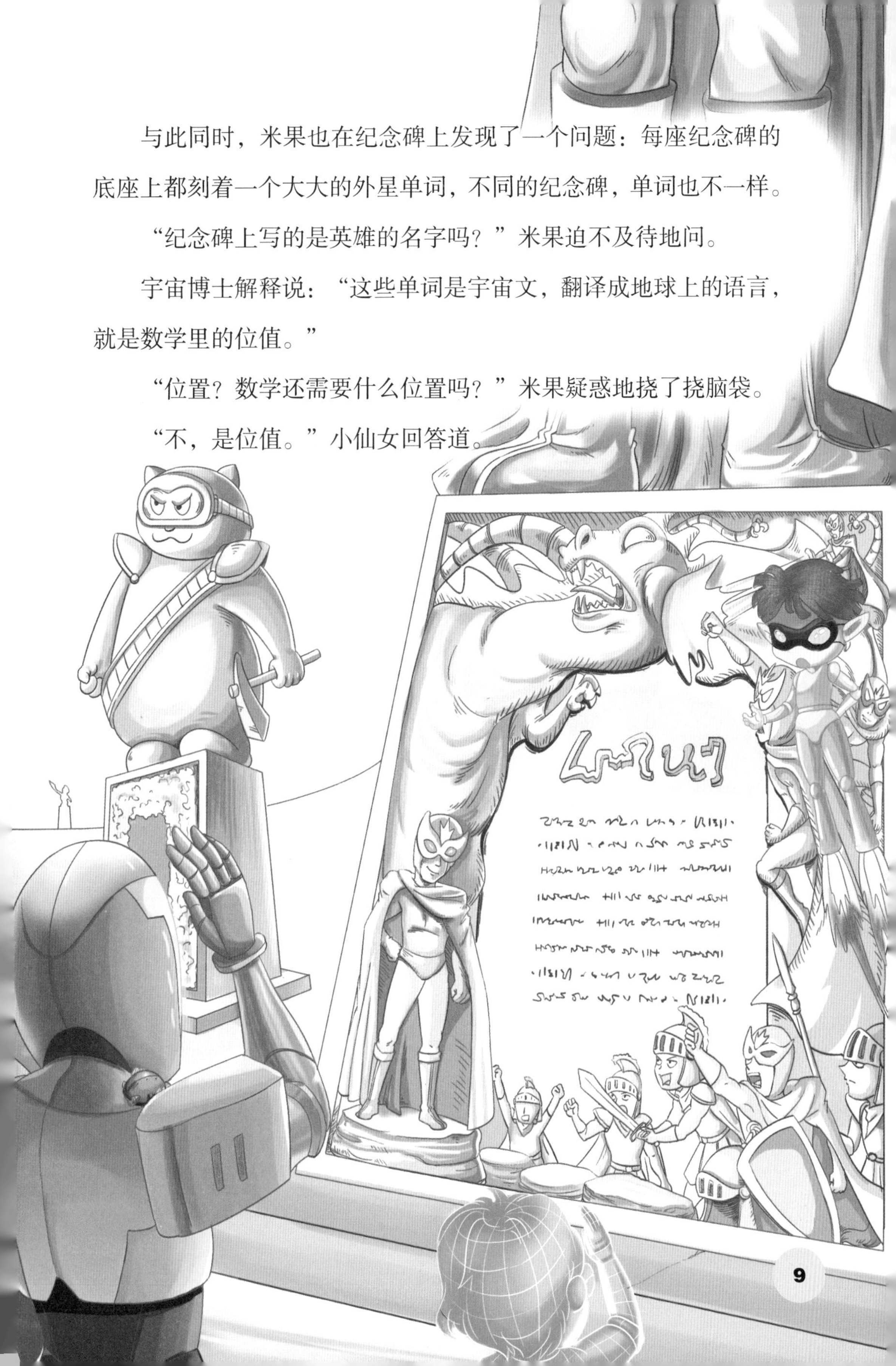

知识加油站

什么是位值？

数字是用来表示数目的一组符号，从古至今，人类的生活从来没有离开过数字。为了测量、计数、计时、交易、研究……人类创造出了完善的数字系统，而位值就是这个系统中最主要的因素之一。单个数字的数值大小取决于它在一个完整数字中的数位，它在数位上表现出来的值就叫位值。

举例来说，让我们看一下 1、10 和 100 这 3 个数字。

虽然它们全都是由 1 和 0 组成的，但是这些 1 和 0 在不同的数位中有着不同的值。

1. 1 在个位上就仅仅代表 1 个 1。

2. 1 在十位上就相当于个位上的 10 个 1。

3. 1 在百位上，就相当于 10 个十位上的 1 或者 100 个个位上的 1。

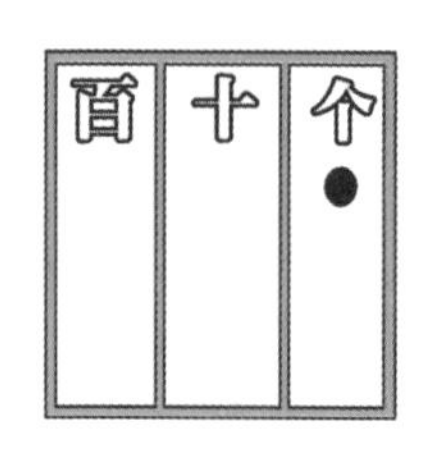

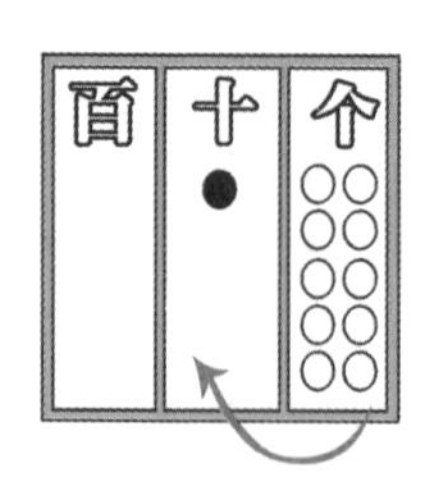

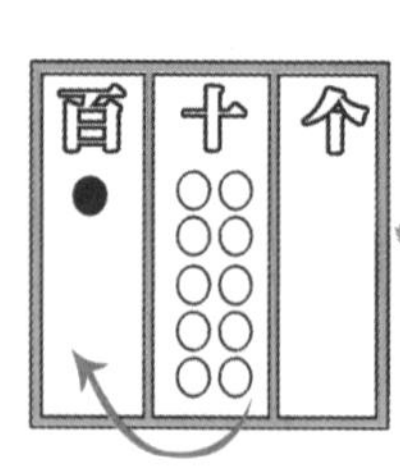

你发现了吗？在不同的位值上，数字 1 代表的数值大小是不同的。由此我们可以不断地向更高位推导：1 在千位上，就相当于 10 个百位上的 1，或者 100 个十位上的 1，或者 1000 个个位上的 1……

接下来我们分析一下 3965 这个数字。

1. 个位上的 5 代表 5 个 1。
2. 十位上的 6 代表 6 个 10。
3. 百位上的 9 代表 9 个 100。
4. 千位上的 3 代表 3 个 1000。

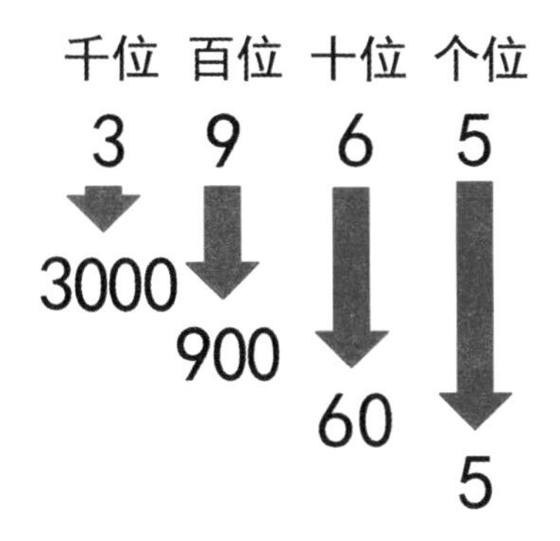

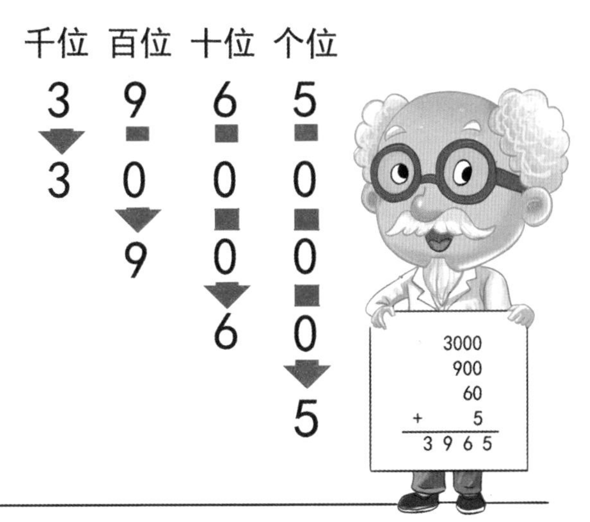

通过上面的例子，你是不是已经理解数字的位值有多么重要了呢？

第二章 比较和排序

在宇宙博士和小仙女的指导下，米果很快学会了位值的写法，不好意思地挠了挠头：“原来这就是位值啊。可是纪念碑上刻着的这些数字，是有什么意义吗？”

“当然有意义。请你仔细看一下这些纪念碑上的画面。”小仙女边说边用手指指向纪念碑。

奇怪的事情发生了，那些浮雕上的画面竟然动了起来：原始时代的英雄们举着石刀、石斧，古代的数学守护者挥舞着冷兵器，拥有未来科技的战士们驾驶着飞船战舰……他们在不同的时代对抗着不同的敌人，闪耀着光芒的数学符号都被安全地保护在他们身后。米果甚至还听到了英雄们振奋人心的呐喊声。

米果吓了一跳，赶紧低下头揉揉眼睛，当他再次把视线投向纪念碑的时候，浮雕已经恢复如常，就好像什么也没发生过一样。

“是我眼花了吗？”米果晃了晃脑袋。

“你并没有眼花。”小仙女的声音再次响起，“纪念碑上的内容全部都是时空数学管理局历史上牺牲的英雄们的丰功伟绩，这些战斗场面用数字信息记录了下来，参观的人都会不由自主地被吸引，从而产生精神共鸣。”

“可是你说的这一切又和纪念碑上的位值有什么关系呢？”

“当然有关系，纪念碑上的这些位值就是由英雄一生所做的贡献点决定的。”

“我明白了。”米果一拍巴掌，“也就是说纪念碑上刻的位值越大，这位英雄打败的敌人就越多，他本人也就越伟大。”

“并不是这样的。”没想到小仙女却摇了摇头。

“那我可就搞不懂了，战斗带来的贡献点除了用打败的敌人的数量来计算，还能用什么方法衡量呢？”

“请跟我来。”小仙女没有直接回答米果，而是飞在前面带路，穿行在一座又一座的纪念碑之间，最后来到了一座石碑前。

与其他那些高大雄伟、装饰华丽的纪念碑相比，这座石碑既矮小又粗糙，石碑的上面连座雕像都没有，而且石碑上雕刻的浮雕，竟然是火柴人拼凑的简笔画，真是太儿戏了。

“这座石碑的主人从来没有参加过战斗，也没有消灭过一个敌人。”小仙女说。

“你们时空数学管理局真是的，就因为人家消灭的敌人少，不够伟大，纪念碑就做得这么简单吗？”

“不，他很伟大！伟大到后无来者，后人无法为他排序。”

随着小仙女的提醒，米果惊讶地看到，这座小小的石碑的底座上，竟然真的没有刻任何字。

小仙女接着说：“就是他在宇宙诞生之初，从混沌之中发现了数学的力量，他认为世界万物都是由微观物质按一定规律，通过组合、分裂等方式，从简单趋向复杂，逐渐演变而来，并继续演变下去，一直到永远。”

米果惊讶得瞪大了眼睛：“也就是说，他就是我们这个世界数学的缔造者？”

“可以这么说吧。”小仙女点了点头，“他存在的年代过于古老和久远，模糊到连时光机都寻找不到踪迹，所以我们连他的一座雕像都没法儿制作。但正是他，用数学的力量孕育了我们这个宇宙智慧的火种，拯救了曾经黑暗、愚昧的世界，使我们这个宇宙诞生了无数璀璨的文明。所以，衡量英雄的贡献有多大，并不是看他们打败了多少个可怕的敌人，而是看他们拯救了多少生命，为宇宙的和平和正义做出了多大的贡献。”

“原来是这样。”当米果领会了“伟大”的真正含义，再次看向身边的纪念碑时，上面的浮雕也再次变化起来，每一个战争场面上都跳动着一串串数字。

“这些数字代表着英雄们拯救了多少生命，英灵殿对英雄们名次的排列就是这样来的！”小仙女说。

知识加油站

比较和排序

在我们的生活中，经常会使用“更多、更少”“更大、更小”“更重、更轻”，或者“两者相当”等语言来形容某些事物。而得出这样结论的过程，就必须用到数学中的“比较”。于是，用来比较数值大小的符号就产生了。

1. 当数值相等时，我们就用“等号”。

2. 当一个数值大于另外一个数值时，我们就用“大于号”。

3. 当一个数值小于另外一个数值时，我们就用“小于号”。

当我们学会比较数值的大小后，接下来就可以排序了。如果我猜得没错的话，小朋友应该对排序很熟悉吧？请把下面几个小朋友的跳高成绩用比较符号，按照从高分到低分、从低分到高分两种方式分别进行排序。

小明：100 厘米

小红：95 厘米

丽丽：89 厘米

杭杭：98 厘米

小强：95 厘米

倩倩：97 厘米

第三章
数列问题

“战斗的目的不是打败更多的敌人，而是为了正义和和平，为了拯救更多的生命。”米果为小仙女的引导做了总结，“他们真是太伟大了，真希望有一天我也能成为他们那样无私的英雄。”

“放心吧，我已经替你们准备好了。”小仙女用手一指，米果顺着方向看去，发现不远处矗立着宇宙博士的雕像和纪念碑。

宇宙博士嘀咕了起来：“呃……雕像和纪念碑都非常好，不过……严格地说，我还……”

不等他说完，小仙女又一挥手，米果的雕像也出现在了他们眼前，与此同时，一块石碑从雕像下面慢慢升起，一道道光芒在石碑上闪烁着，开始刻起了浮雕，画面显示的都是之前米果与宇宙博士对抗恶魔人的战斗场面。

“小仙女，你这是在做什么？”米果越想越觉得不对劲儿。

小仙女回答说：“我在给你制作雕像和纪念碑啊。”

“啊？可是英灵殿里的纪念碑，不都是给已经牺牲的英雄准备的吗？”

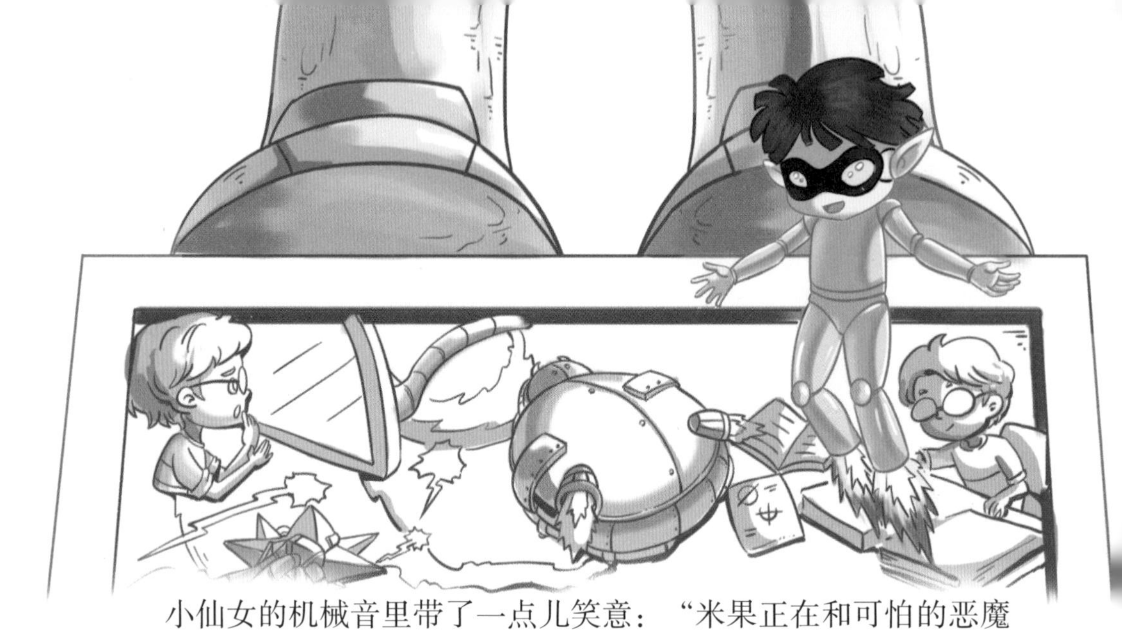

小仙女的机械音里带了一点儿笑意：“米果正在和可怕的恶魔人战斗，随时都有可能牺牲。提前建造纪念碑，也算是未雨绸缪。我是不是很贴心啊？”

“贴心？我不怕战斗，但一点儿也不想牺牲。”米果真是哭笑不得。

“想维护宇宙的和平，并不是一件安全的事情。这也是我带你们进入英灵殿的真正原因。”小仙女的声音忽然严肃了起来，“接下来的战斗会越来越危险，你必须做更充分的准备了。”

“更充分的准备是什么呢？”米果好奇地问。

“英灵殿的各个纪念碑中记载着无数勇士的历史，他们的智慧和战斗经验都被保留其中。你不想学习一下吗？”小仙女提醒说。

“英雄们的智慧和经验？这是多么珍贵的宝藏啊！”米果立刻兴奋了起来，操纵着机甲在空中转了好几个圈儿，“我要学！我要学会打败恶魔人的方法！”

“我必须提醒你，要学习纪念碑中的知识可没有那么简单，你必须经过英灵殿里守护神龙的考验！”

“守护神龙？怎么听着好像动画片里的角色一样……”

米果的话还没有说完，英灵殿中忽然出现了一团盘旋的烟雾，烟雾不断地上升，逐渐形成了一条巨龙的模样。

烟雾巨龙在空中盘旋着，眼睛放射出火红的光芒，它用长长的触须缓缓触碰了一下米果：“渺小的地球人小子啊，就是你要挑战英灵殿的禁忌吗？你可知道，挑战失败的话，作为我的食物，你连塞牙缝儿都不够呢。”

虽然巨龙是烟雾聚集而成的，但它那锋利的牙齿在自己身边晃来晃去，还是让米果胆战心惊，米果结结巴巴地说：“小……小仙女，你可没告诉我，学习……还有生命危险。”

“神龙先生，请不要再开玩笑了。”小仙女无奈地说。

“哈哈哈，老实的小孩儿，我的演技还可以吧？”神龙忽然一改狰狞的表情，哈哈大笑起来，“只是几道为了验证你理解能力的考题而已，答不出来也不会被吃掉的。如果这样基础的问题，你都解决不了，即使我让你通过，你也是无法接受英灵们留下的知识的。”

“哦，我明白了，这就像入学考试一样，是想验证一下我的资格。”米果恍然大悟。

“没错，差不多就是这个意思。”神龙眨着眼睛点了点头，“看在咱们俩投缘的分儿上，在考验开始之前，我可以给你稍微透露一个小秘密，今天的问题和数列有关。”

知识加油站

数列就是一连串有规律的数字，我们只要发现了数列遵循的排列规律，就可以根据数列中的某几项解出其他的项。

1. 1、2、3、4、5、6……这样按顺序排列的数字，其实就是前一项加上1，并向后不断延续的数列。

2. 我们还可以用图形来表示数列。例如下面的这个正方形数列图，就是把每一行小正方形的个数和自身相乘得到的结果。

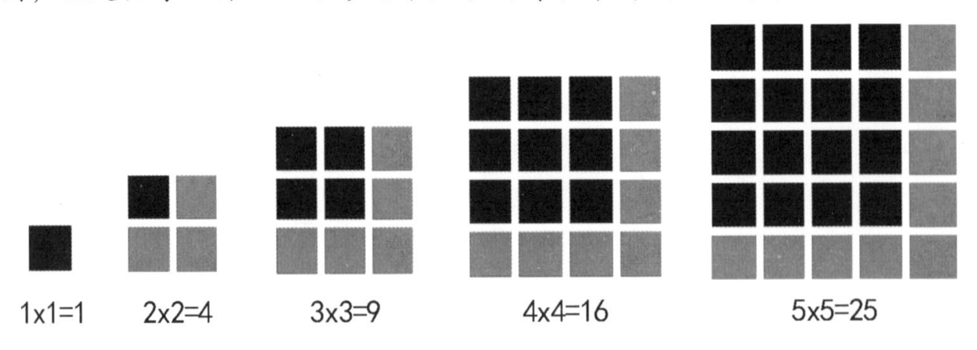

那么接下来我们看一下守护神龙给米果提出的问题吧！

要开启纪念碑里蕴藏的知识，请在最后的问号处填上正确的数字：

在下面这个数列中，规律是前一项的值乘以10得出后一项的值。

5、50、500、5000、50000

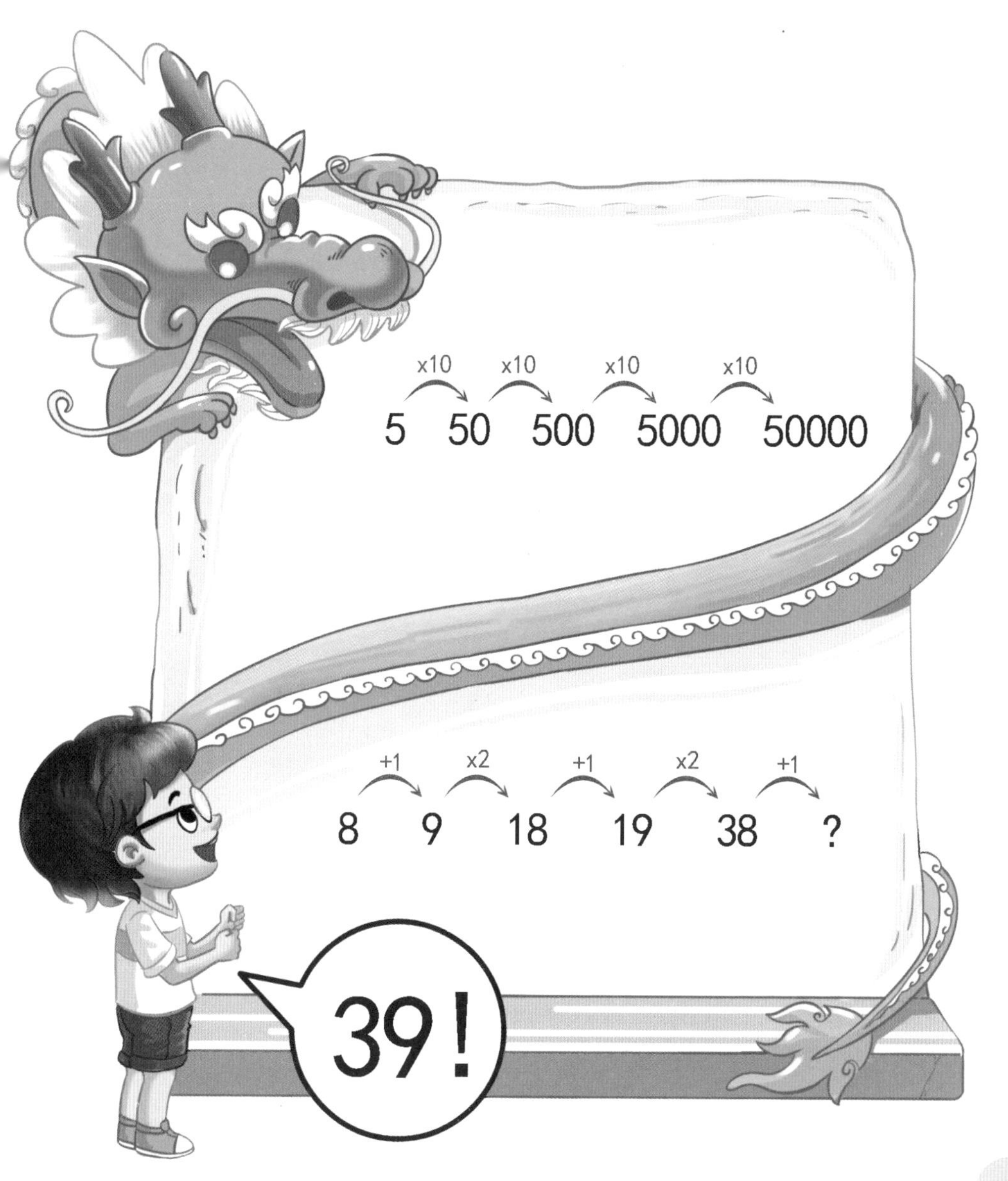

第四章
估算的方法
扫码开始
冒险勇气值测试
冒险智慧值提升
冒险技巧值挑战

米果很快就解决了关于数列的难题，速度快得都有点儿让神龙目瞪口呆。神龙郁闷地嘟囔着：“真是不甘心，这么容易就让你通过了第一关。”

“什么？这才第一关？”这下轮到米果不甘心了，他还以为经过刚才的考验后，他已经可以开始学习了呢。

“知识就隐藏在接下来的挑战之中。”神龙低声咆哮着，引导着米果来到一座纪念碑前。

神龙的前爪触碰了一下纪念碑上的浮雕，浮雕上正在战斗的人形雕塑竟然全部动起来，一齐向米果招手。米果感到一阵眩晕，不由自主地向着纪念碑走了过去。

宇宙博士有些担心，他化身的小机械蜘蛛猛地一跃，想要跳到米果的身上一起跟过去，却被机警的神龙喷出的一股浓烟卷了回去。

“只有接受考验者才能进入，请这位机械生命体在这里等待消息吧。”

小仙女飞过来，轻声地安慰宇宙博士说：“请你放心，米果不会受到伤害的。”

就在两人说话的时候，浮雕中伸出了几只手臂，米果吓得刚想转身逃跑，但一下子就被拉了进去。

片刻工夫，浮雕就再一次恢复了平静。而在宇宙博士的眼中，浮雕上却忽然多出了一个熟悉的身影——米果。他一动不动地站在浮雕中，好像从一开始就是浮雕的一部分。

“请不要担心，米果正在接受新一轮的考验。”小仙女继续安慰着为米果担心的宇宙博士。

而此时此刻，米果睁开眼，发现自己竟然站在一座城堡的城墙上，置身于一场杀声震天的战斗中。

在他身边战斗着的士兵们虽然长得和人类很像，但尖尖的耳朵却显示着他们和地球人的不同。

“小伙子，站到我的身边来，这样你会更加安全一点儿。”

米果还没回过神来，就被一个身材高大的红袍人拉到了身边，他敞开长袍把米果裹在怀中，将米果带到了城堡最高处的瞭望塔里。

“你……你能看见我？难道你们不是虚拟的景象吗？”米果惊讶地问。

“哦，原来你不是这个世界的生命体啊？”高大的红袍人盯着米果看了看，一下就洞察了真相，微笑着摇了摇头，“你一定是从英灵殿来的吧？连接纪念碑的是我记忆中的时间线，从某种角度上来说，你正身处一场正在发生的真实战争中。在这条时间线里，我们和这场战争都是真实的，你才是虚拟的。”

“我是虚拟的？”米果抬手掐了一下自己的脸蛋儿，真的一点儿也不疼。

“20 名弓箭手，防护右翼，拉开敌人的进攻距离！”红袍人突然大喊一声，城墙上立刻有一队士兵向右边疾驰而去，一阵箭雨射下，击退了几十个企图爬上城墙的兽面人身的怪物。

“第二小队立刻抽调 20 名步兵守卫前门，有 100 个半兽人正在向前门转移！”高塔上的红袍人继续指挥着战斗。

“这究竟是哪里？这是一场什么战争？”米果迫不及待地问。

红袍人一边儿继续观察着敌人的动向，一边儿快速地解释：“这里是比墨星的智慧半岛，这座城堡里有比墨星上最大的图书馆，而这些半兽人，正在恶魔人的蛊惑下，企图破坏储存在图书馆中的数学资料。”

“增援后门，一支由50个半兽人组成的小队正在向后门前进！”红袍人又是一声令下。

米果好奇了起来："你为什么总是让士兵们跑来跑去？让他们固定在一个地方抵抗进攻，不是效率更高吗？"

"你难道没有发现我们的人手不够吗？我必须随时根据敌人数量的变化调配人手，用最合理的方法指挥军队。不然，只要有一个地方出现缺口，我们的城堡就会被攻破的。"

红袍人一边儿向米果解释着，一边儿继续指挥着战斗，不停地喊出敌人的数量，下达着新的战术命令。

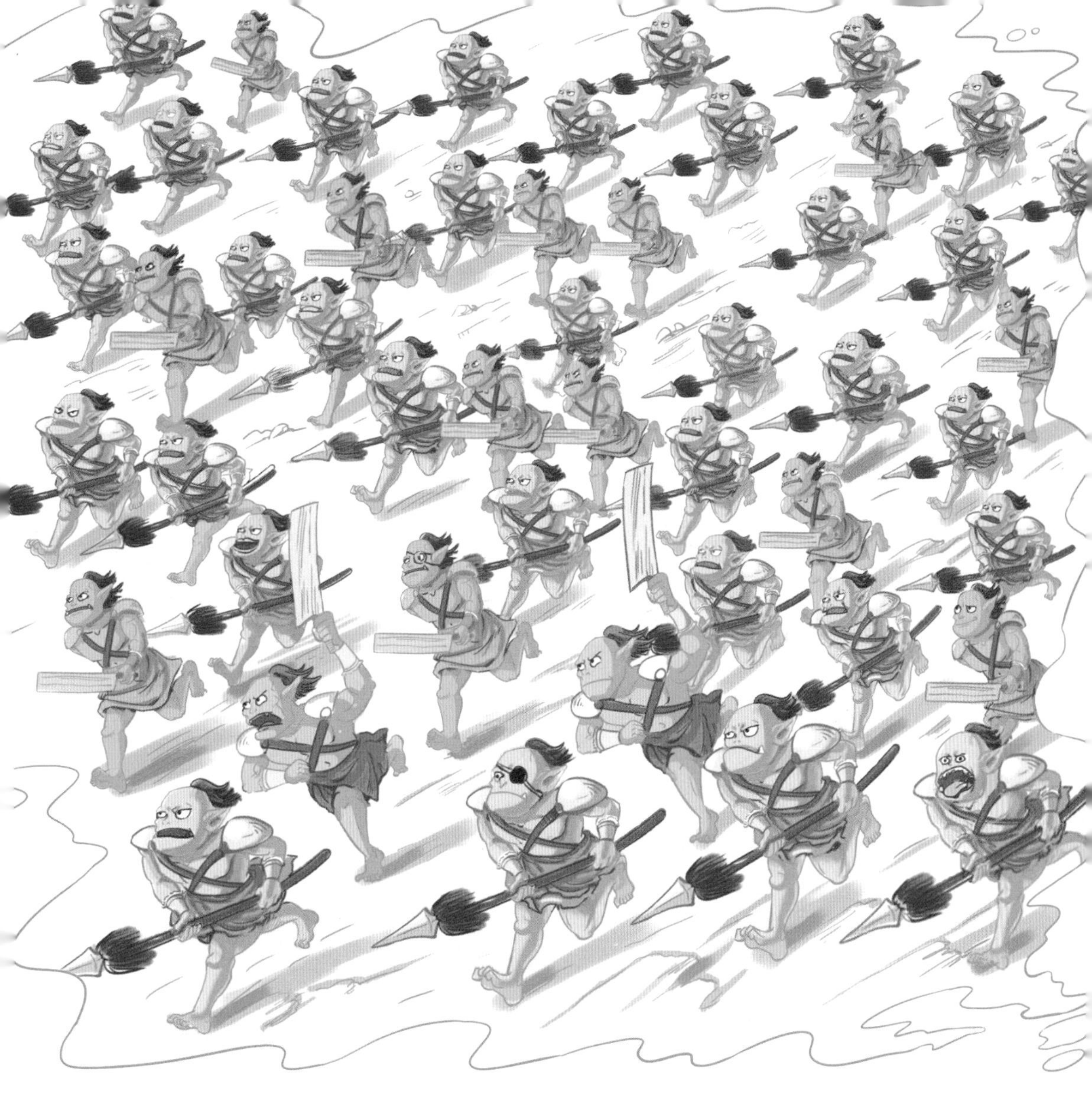

“你真是太厉害了，只看一眼就能知道敌人的数量。”米果越来越佩服红袍人了。

“不，小家伙，你搞错了。”可红袍人却摇了摇头，回答说，“在这样的危急时刻，我可没工夫追求准确。敌人数量的多少，我只是估算而已。”

知识加油站

估算是计算能力的重要组成部分，在很多时候，我们对某个事物进行测量和计算时，并不需要一个十分精确的数值，只要得出一个和正确答案差不多的数值即可，这个对大概的数值的推算过程就是估算。

在数学中，我们用“约等号”来表示几乎相等的两个数值之间的关系，也就是估算的结果。

例如下面的几束花，虽然包含的花朵数量可能相差几枝，花的品种不同，每枝花的单价也不同，但在交易过程中，买卖双方可能会根据经验估算出一个差不多的价格。

红袍人在战争中计算敌人数量的方法也是估算：

1. 面对进攻过来的一大群半兽人，根本没有时间一个个数敌人的数量。

2. 红袍人会在心里迅速把敌人分成 5 个部分。

3. 点算其中一部分敌人数量约为 10 个。

4. 然后将 5 和 10 相乘，就能估算出敌人的大概数量了。

1300≈100
2600≈3

扫码开始
冒险勇气值测试
冒险智慧值提升
冒险技巧值挑战
第五章
四舍五入

“原来是这样啊，我明白了。”米果兴奋地把头伸出城墙，大声喊，“左边的城门，又出现了差不多 30 个敌人，右边有 50 多个半兽人抬来了长长的梯子……”

“做得好，这就是估算的用法，你真是一个聪明的孩子。”红袍人对米果露出了赞许的笑容。

听到夸奖的米果刚想谦虚一下，却猛地看到一支巨大的长枪向着瞭望塔投掷了过来，而正在观察另一个方向的红袍人却丝毫没有察觉。

“小心！”

米果想要提醒红袍人，可已经来不及了，他只好猛扑过去护在红袍人的身前，想要替他挡下偷袭。那支锋利的长枪穿过了米果的身体，可米果没有感到一丝疼痛，而他身后的红袍人却发出一声痛苦的呻吟，倒在了地上。

米果这才想起来，自己在这个世界上只不过是虚拟人物而已，根本就没办法替别人抵挡攻击。

红袍人气息微弱地看着米果，嘴角却露出了满足的笑容："谢谢你，小家伙。"

“坚持住啊，我这就替你找医生，城堡里的数学资料还需要你来守护呢！”米果热泪盈眶，大声地说着。

“没用了。”红袍人惨笑着摇了摇头，“英灵殿的守护神龙让你第一站来到我这里，应该就是想让你体会一下战争的残酷吧！你必须学会接受——战胜邪恶势力的过程中，牺牲是在所难免的。”

随着红袍人的声音越来越微弱，失去了指挥的城堡最终被半兽人攻破了，城堡中的图书馆燃起熊熊火焰，求救声和哭喊声此起彼伏。

红袍人用最后的力气紧紧捂住米果的眼睛："孩子，不要看！你不需要记下不属于你的残酷。而你的勇敢和舍己为人让我看到了未来的希望，眼前的失败只是暂时的，有你们这些勇敢的年轻人在，恶魔人永远也不会取得胜利……"

说着，他猛地把米果向外一推，米果只感觉身体一空，从高高的瞭望塔上摔了下去。

"啊——"

米果一声大叫，睁开了双眼，发现自己只是从纪念碑里跌出来了而已，并没有受什么伤。他赶紧转回头去，含着热泪望向纪念碑，浮雕上那个率领着族人抵抗入侵者的指挥官，不就是自己刚刚见到的那个红袍人吗？

“比墨星的红袍法师，能够看穿未来的智者，为了保护数学资料战斗到了最后一刻。”守护神龙的声音低沉而悲伤。

“他最终还是失败了，这样的牺牲有意义吗？”米果泪眼模糊地看着石碑上那个熟悉的身影，哽咽着问道。

“愚蠢！”守护神龙忽然一声大吼，“连一次失败都承受不住，还怎么迎接未来更大的挑战？”

“喂，你也太严格了吧！米果可是地球人，他现在也只有十几岁而已。”宇宙博士看不下去了，为米果打抱不平，“你在他这个年纪，还没有从蛋里孵出来吧？能不能换一些轻松的考验？”

没想到守护神龙并不生气，反而答应了宇宙博士的要求，转头对米果说：“好吧，接下来就让你进入轻松时刻。我送你去见一见最幽默的红焰星智者布洛布洛吧。”

“什么，巴拉巴拉？”

米果没有听清守护神龙的话，可还没来得及问，已经被守护神龙用尾巴卷起来用力一甩，重重抛进了另一座纪念碑。米果只觉得眼前一黑，掉入了一群怪异的生物之中。

和上次一样，米果立刻再次进入纪念碑，成为浮雕上一群哈哈大笑的蜥蜴人中的一员。

只见这群怪异的生物长得有些像一只只直立行走的蜥蜴，穿着破旧的衣衫，显然是一群农夫，它们用简易的手推车推着一袋又一袋的粮食，正在和一名站在高台上、衣着华丽的蜥蜴人讨价还价。

看样子高台上的蜥蜴人应该是商人，它正拿着一本厚厚的书向台下的人们大喊：“用四舍五入的方法进行交易是国王颁布的法律，你们这些手推车的载重量只有 1300 千克。按照四舍五入的准则，我只能按照 1000 千克的重量来收货！”

台下的蜥蜴农夫们立刻窃窃私语起来，似乎也都感觉到了不对劲儿，可不懂数学的它们又无法进行辩驳，只能低声议论，却没有谁站出来反抗。

人群中的米果却生气了，跳起来说：“这不是欺负人吗？四舍五入不是这样用的。”

“什么人敢蔑视国王的法律？”

就在华服商人一声厉喝，把目光投过来的时候，米果忽然感觉自己被人往下一按，整个身体都隐藏在了人群中，商人看了半天也没能发现他。

“小伙子，看样子你不是我们本地人吧？”拉着米果躲起来的是一个瘦小的蜥蜴人，“你真的懂什么是‘四舍五入’吗？”

“当然懂了，我们老师早就讲过了。”米果自信满满地回答。

知识加油站

四舍五入是一种精确度的计数保留法，具体方法是在取近似值的时候，如果尾数的最高位数字是 4 或者比 4 小，就把尾数去掉；如果尾数的最高位数字是 5 或者比 5 大，就把尾数舍去并且向它的前一位进“1”，这也是一种取近似值的估算法。

1. 数字是舍还是入，取决于它在数轴上的位置。

2. 例如下图中，数字 53 与 60 距离远，与 50 距离近，我们就可以用“舍”法，把“53”估算为“50”。

3. 而 57 这个数字，离 60 近，离 50 远，我们就可以用“入”法，把“57”估算为“60”。

4. 再来看 55 这个数字，它正好位于 50 和 60 的正中间，按照四舍五入的规则，我们还是要用“入”法，把“55”估算为“60”。

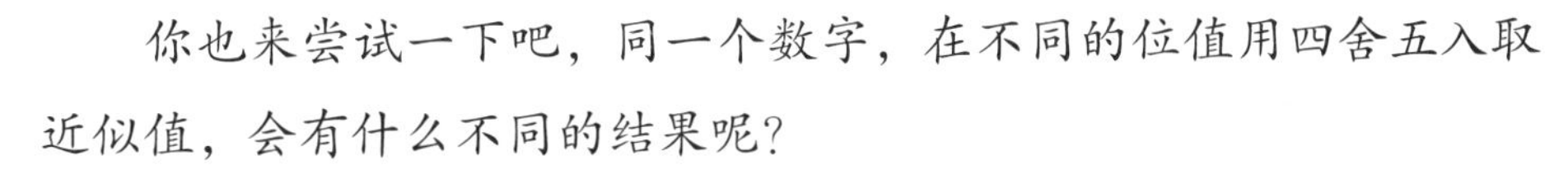

你也来尝试一下吧，同一个数字，在不同的位值用四舍五入取近似值，会有什么不同的结果呢？

1. 请把 3458 精确到十位。

2. 请把 3458 精确到百位。

3. 请把 3458 精确到千位。

第六章
分数的知识
扫码开始
冒险勇气值测试
冒险智慧值提升
冒险技巧值挑战

“原来是这样啊！你一定是位学士大人吧，竟然真的懂四舍五入。”蜥蜴人惊讶地看着米果，双手护胸给米果鞠了个躬。

“懂四舍五入有什么了不起的吗？在我们那里，小学生都懂。”米果有点儿好笑地回答。

“你们的国度应该是一个很幸福的国度吧！”蜥蜴人流露出了向往的神情，忽然压低声音说，“但在我们这儿，你说话一定要小心一点儿。数学早已经在民间失传，只有国王颁布的法律才和数学有联系，普通人出现一点儿错误就有可能受到惩罚。所以没有几个人敢真的用数学知识和有权有势的人对话。”

“可是这么多穷人，也不能任凭它们欺负啊！四舍五入不是用来剥削的。”米果不忿地说。

“阁下真是一名充满了正义感的少年啊！请再次接受布洛布洛的敬意吧！”说完话，这个蜥蜴人再次给米果鞠了个躬。

“布洛布洛？难道这就是守护神龙让我见的人？”

就在米果惊异的瞬间，布洛布洛忽然举着手走出人群，对着高台上的商人深深鞠了一躬说：“先生，您说得太对了，我们进行的一切交易都要以国王的法律为准则，不能有一丝违背之意。我们同意用四舍五入的方法进行交易。”

“你这个叛徒，你怎么能站在商人那边说话？”布洛布洛背后的农夫们立刻骂成了一片。

可台上的商人却赞许地对布洛布洛说：“你是一个明事理的人，这次交易就由你来代表这群人进行吧。”

“好的，我愿意为您效力。”布洛布洛满脸笑意地再鞠一躬，这才回头对身后的农夫们说：“大家不要再吵了，我们这就遵守国王的法律，用四舍五入的方法进行交易。”

台下的蜥蜴农夫们立刻又是一阵喧哗，不敢对富商发怒的它们，捡起瓦砾石块，纷纷砸向了布洛布洛。

布洛布洛左躲右闪地大声喊着：“大家先听我说，为了提升速度，我们不一车一车地进行交易，我们将两车为一组进行交易，也就是说，一次交易 2600 千克，按照国王的法律进行四舍五入后，也就是按 3000 千克的重量进行交易，大家看怎么样？”

“这样的话……当然可以。”农夫们立刻欢呼了起来，虽然它们不太懂数学知识，但也知道这样一来，每车就可以多出许多收入。

可高台上的华服商人立刻就发怒了，站起来挥着双手大喊：“不可以，不能这样进行交易。”

布洛布洛回头冷冷一笑，脸上再也没有了刚才的恭顺：“这么说……你是想违背国王的法律吗？”

“这个……我……”

商人瞠目结舌，再也不敢说话，只能任凭农夫们用高价把粮食卖给自己。

“用坏人的手段来对付坏人，你真是太聪明了！”米果挤出人群，对着布洛布洛竖起了大拇指，“你这一招儿，让每个农夫多卖了 500 千克的粮食，重量增加了二分之一呢！”

“你刚才说的二分之一是什么意思？”布洛布洛好奇地问。

“你难道没有学过分数吗？”米果望着虚心请教的布洛布洛，看它并不像开玩笑的样子。

“实在是不好意思，我们国家的数学知识完全掌握在贵族手中，我的所知所学也十分有限，如果你愿意传授给我更多的数学知识，我将会万分感谢。”布洛布洛一脸惭愧，再次虚心地向米果求教。

“原来纪念碑上的英雄也并不一定个个都是数学高手，只要他们曾经运用自己有限的知识为正义和善良出过一份力，就值得流芳后世。”

米果又一次明白了守护神龙把他送到这里的深意，并细心地为布洛布洛讲起了有关分数的知识。

知识加油站

把单位“1”平均分成若干份，表示这样的一份或几份的数叫作真分数。分数中间的一条横线叫作分数线，分数线上面的数叫作分子，分数线下面的数叫作分母。分母表示把一个物体平均分成几份，分子表示取了其中的几份。分子大于或等于分母的分数叫作假分数。

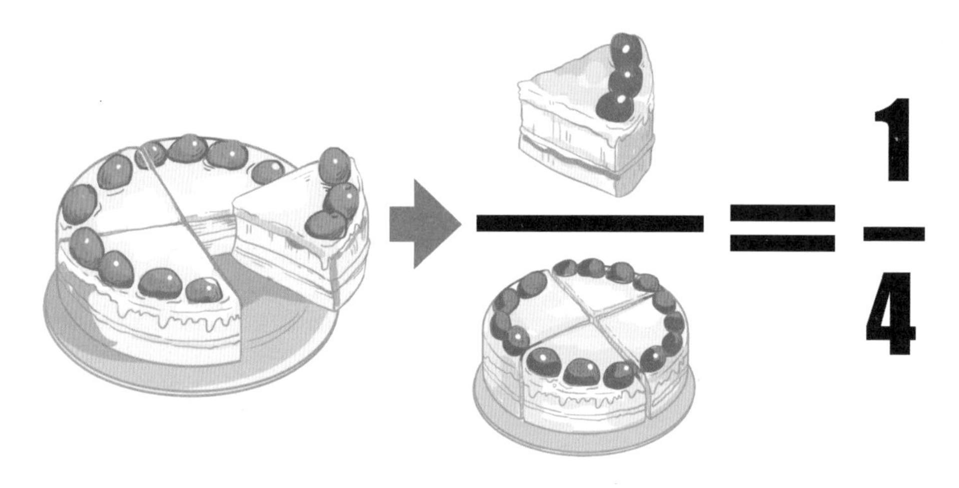

在日常生活中，我们常常需要把一个整体平均分为几个部分，这个时候就可以运用和分数有关的知识了。

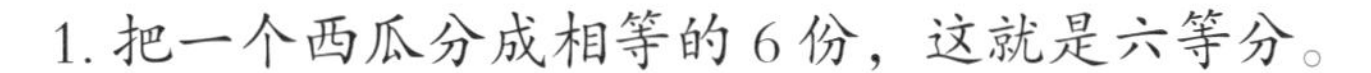

1. 把一个西瓜分成相等的 6 份，这就是六等分。

2. 每一块西瓜就是整个西瓜的六分之一。

3. 让我们用正确的分数写法表示出来，上面的数字就是分子，下面的数字就是分母，中间的横线就是分数线了。

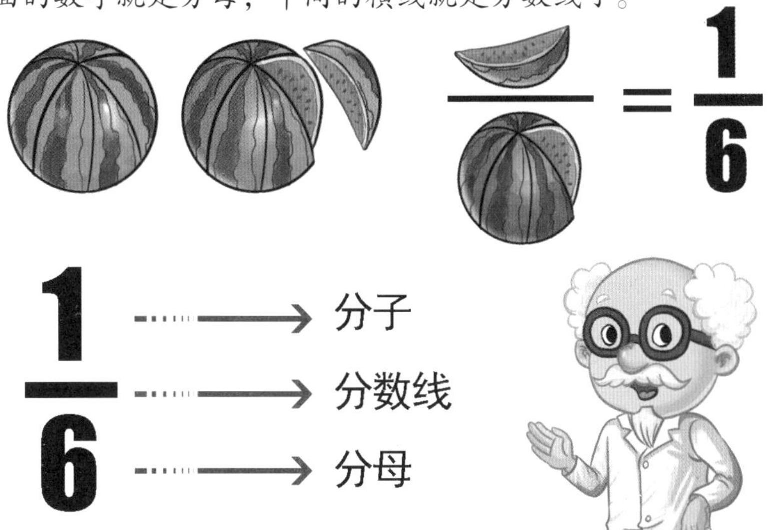

小朋友，你也可以计算一下，用布洛布洛说的四舍五入的方法，农夫们是否真的多卖了 500 千克的粮食，重量增加了二分之一呢？

分解质因数
56
8
7
4
2
2
2

第七章
各种不同的数
扫码开始
冒险勇气值测试
冒险智慧值提升
冒险技巧值挑战

布洛布洛认真听着米果的讲解，把关于分数的知识牢牢记在了心里。

两人只顾着学习，完全没有发觉他俩已经被全副武装的蜥蜴士兵包围了。

“原来你就是传说中专替穷人说话的布洛布洛，可你知道我是在为谁做生意吗？就是为国王啊！”华服商人缓缓走了过来，“这一次的交易让国王受到了这么大的损失，你还是自己进王宫去向它解释吧。”

“你们为什么要带走布洛布洛先生？它并没有违背法律啊！”

农夫们高声喊着，可商人和士兵根本不理睬它们，顺便把“长相怪异”的米果也一起带走了。

高大的王宫被装饰得金碧辉煌，和王宫外的贫寒破落形成了鲜明的对比。

王宫里，肥胖的蜥蜴国王正在和一个大臣下着棋，都懒得抬头看一眼布洛布洛和米果。后来国王有些累了，才想起来问话。

“我听说过很多你的故事，布洛布洛先生。”

国王胖得简直成了一团肉球，穿着华丽的服饰，粗大的尾巴还用金子做了装饰。

“尊敬的国王大人，能见到您真是布洛布洛有生以来最大的荣幸，请接受我的敬意吧。”布洛布洛再次换上了那副假意的笑容，深深给国王鞠了个躬。

“我听说，接受过你敬意的富商都差点儿破产，你现在是想用同样的方法骗取我的财富吗？”国王的眼睛都被肥肉挤得只剩一条缝儿了，但依然露出了两道骇人的寒光。

“国王大人，您真是错怪我了，我和那个富商的交易，可全部都是遵照您的法律进行的。”布洛布洛依然笑着回答。

“我制定的所有法律都和数学有关，既然你对我的法律这么了解，数学应该很不错吧？”胖国王嘿嘿一笑，问道。

“我对数学略知一二，也只是为了更好地服务您而已。”布洛布洛的回答依然滴水不漏。

“既然这样，就让我来考一考你吧。”国王从大臣的手里接过了一本厚厚的法典，然后慵懒地摆了摆手，宫殿中立刻就出现了十几名身材高大的蜥蜴士兵，快速地搬进来一个木架，木架上还系着两条绳套。

布洛布洛的表情一滞：“尊敬的国王，请问这是什么？”

“聪明的布洛布洛，难道你连绞刑架都认不出来吗？”国王微笑着说，“你要仔细听我的问题啊，如果答对了，我立刻放你们离开；如果答错了，这个架子上的绳套就要‘亲吻’你们两个的脖子了。”

布洛布洛看了看绞刑架，又扭头看了看米果，神情紧张了起来，但它很快就镇静了下来，笑着对国王说：“能够接受国王的考验，我感到十分荣幸。只是这个外族人和我并不熟，请国王先把他放走吧。”

“你在担心这个没有尾巴的小家伙吗？那就太好了，我对这次考验更加感兴趣了。”胖国王坏笑着伸手翻开了法典，皱着眉头看了半天，终于结结巴巴地问：“关于数学中的数字分类，什么是因数？什么是倍数？什么是质数和合数？什么是质因数？”

布洛布洛的神情立刻僵硬了起来，它有限的数学知识并不能回答国王的这些问题。

眼看国王笑得越来越狰狞，就要下令让士兵开始行刑的时候，米果忽然向前迈出一步：“国王大人，您说的这些问题，我可以代替布洛布洛先生回答吗？”

知识加油站

1. 两个整数相乘，其中这两个数都叫作积的因数；一个整数被另一个整数整除，后者即前者的因数。每个数至少有两个因数，因为可以由它本身和 1 相乘得出。

如图所示：我们把 8 个苹果分成 4 份，每份 2 个，那么 2 和 4 就是 8 的因数。

我们把8个苹果放在一起，也就是1份，那么1和8就是8的因数。

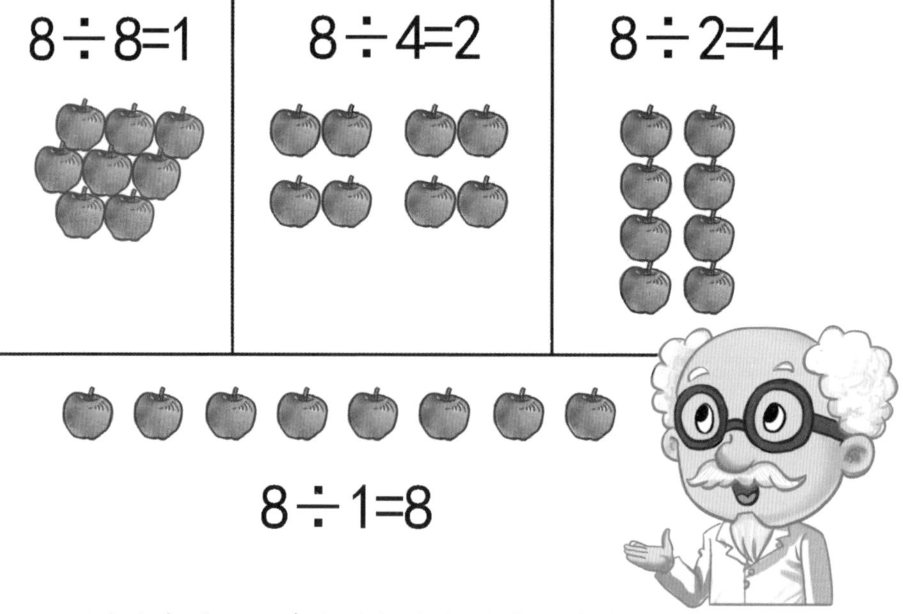

2. 两个数相乘后，我们就把它们的乘积称为这两个数的倍数。

2 乘 3 等于 6，6 就是 2 和 3 的倍数。

2 乘 4 等于 8，8 就是 2 和 4 的倍数。

3. 质数，又称素数，是只能被 1 或者本身整除的自然数。比 1 大但不是素数的数，我们称之为合数。

2 只能除尽 1 和本身，所以 2 是质数。

6 除了可以除尽 1 和本身，还能除尽 2 和 3，所以 6 不是质数，而是合数。

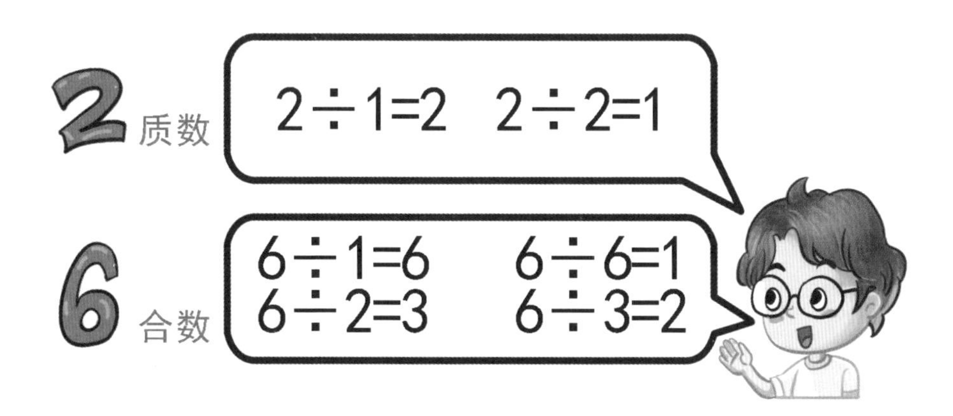

4. 如果一个整数的因数是质数，那么这个因数就叫质因数。

我们可以用画图的方法找出数字 56 的质因数。

第八章
平方的力量

米果极为熟练地说出了正确答案。

很明显，国王本人并不知道答案是否正确。只见它手忙脚乱地在法典上寻找着，结果发现米果的回答和上面记载的一模一样。它不敢相信地撑起根本就睁不开的肥硕眼皮，怎么也想不明白米果究竟是什么人，因为这个世界上精通数学的人，明明都已经被它控制或者收服了。

“我没时间看你耍花样！”气急败坏的国王重重地一拍座椅，米果感觉地面都颤动了起来，“懂数学的人不可以为穷人服务。所以，我现在只给你们两个选择，要么上绞刑架，要么远离穷人，利用你们的数学知识替我办事。布洛布洛，你的智慧不会让自己选择一个错误答案吧？”

说完，国王的嘴角露出了一抹阴险的笑意。

这个国王竟然连自己制定的法律都不遵守，布洛布洛知道这一次已经没有道理可讲了，它收起自己玩世不恭的笑容，站直了身体，声音里没有一丝畏惧地回答：“请原谅，国王大人，无论这个外族人怎么选择，我布洛布洛宁愿被吊在绞刑架上，也不愿成为你们欺压百姓的帮凶。”

“既然如此，那我就满足你的愿望！来人，绞死布洛布洛！”国王一声怒吼，两个士兵立刻就冲向了布洛布洛。

“慢！我替布洛布洛先生答应国王的要求。”米果忽然跳了过来，大声喊着，宫殿里的人刚才都把这个小不点儿给忘记了。

“你究竟是什么人？”国王皱着眉问。

米果不卑不亢地回答：“我是什么人并不重要，但我可以代表布洛布洛先生答应您的要求，但是……为您做事，难道不应该先谈好酬劳吗？”

“还想和我谈条件？”国王冷笑了一声，用威胁的语气说，“那就说说你的要求吧，如果太过分，哼哼……”

米果对国王说：“我没有那么贪心，我不要金银珠宝，也不要土地和官职，我只要一些米粒就行了。”

“米粒？你没有发疯吗？”国王觉得好笑，“你想要多少？”

“国王大人，您只需在棋盘的第一个方格里放 1 粒米，第二个放 2 粒，第三个放 4 粒，第四个放 8 粒……照这样放下去，每格比前一格多放一倍，把棋盘的 64 个格子放满，然后把这些粮食送给王宫外的农夫们就可以了。”

“哈哈哈哈，这么简单的要求，我答应你。”国王立刻安排手下，“把他们两个先带到一边，你们去给宫外那群穷人发粮食吧。”

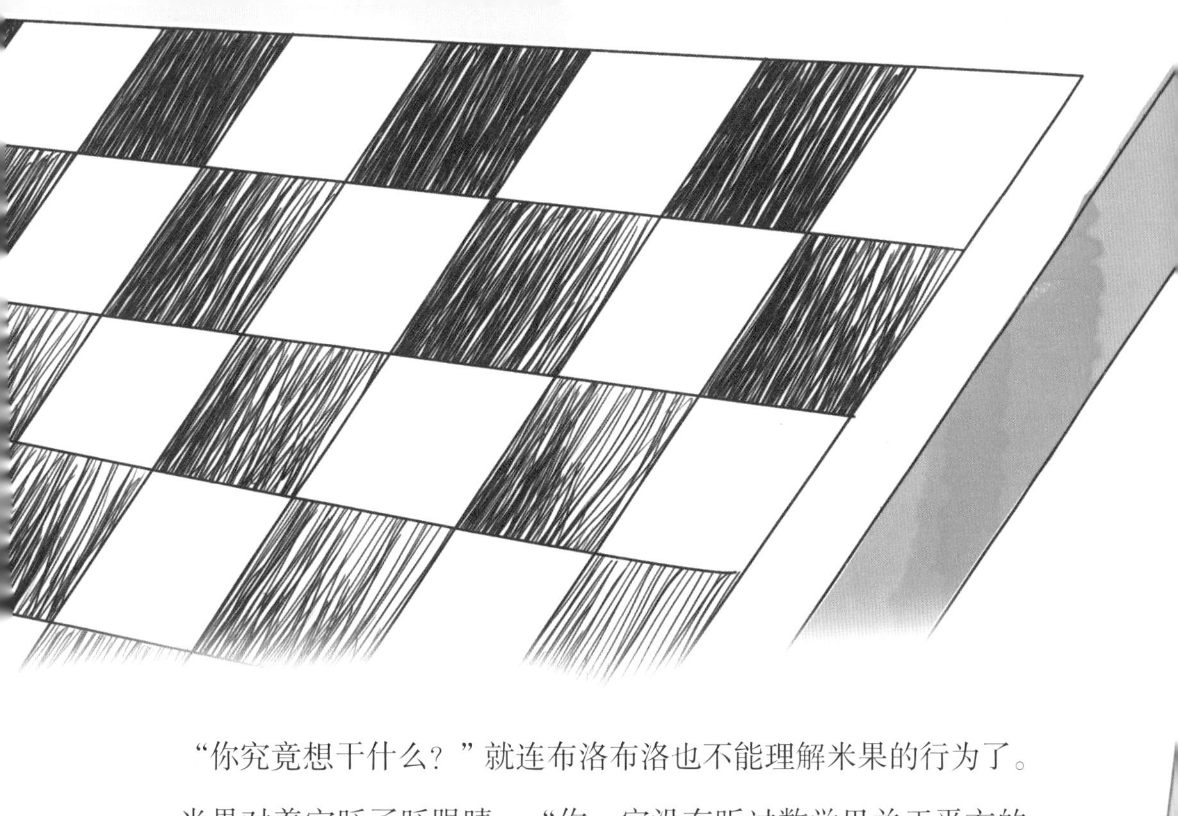

“你究竟想干什么？”就连布洛布洛也不能理解米果的行为了。

米果对着它眨了眨眼睛：“你一定没有听过数学里关于平方的知识吧？在等待结果的这段时间，让我来给你讲一讲吧。”

知识加油站

在数学运算中，一个数的平方是该数与它本身相乘所得的乘积，平方在数学里会用平方符号表示，就是在数字的右上角写上一个比较小的“2”，比如 5^2 表示 5×5。

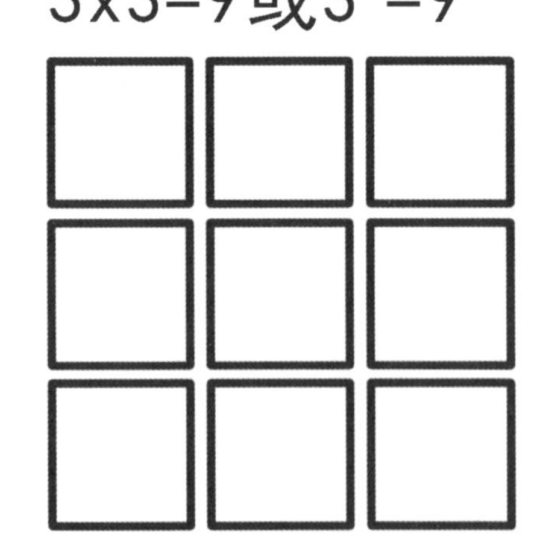

我们可以用正方形来清楚表示数字的平方：

1. 2 的平方数要用 4 个方格表示；

2. 3 的平方数要用 9 个方格表示；

3. 4 的平方数，我们就需要用 16 个方格表示了。

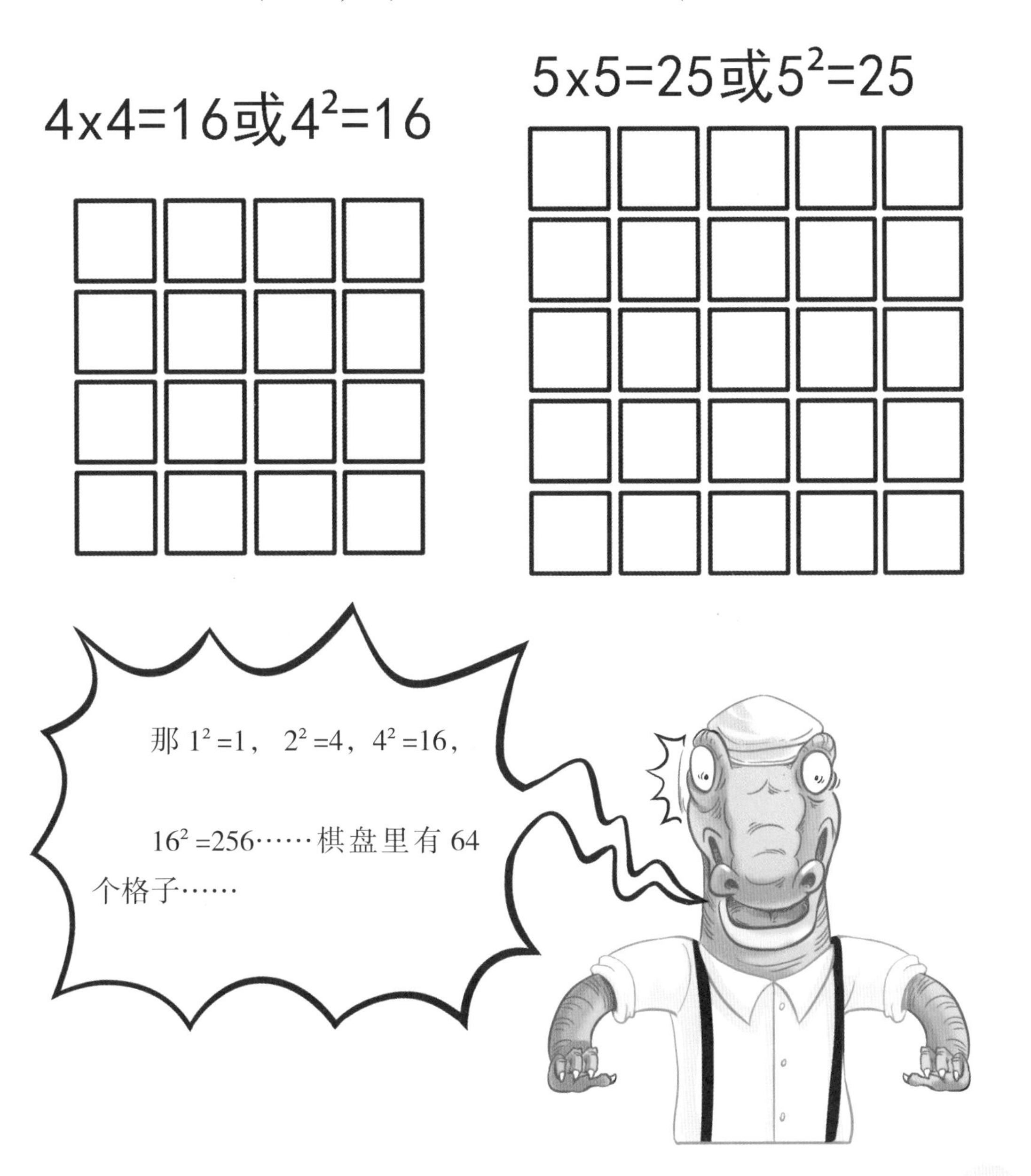

扫码开始
冒险勇气值测试
冒险智慧值提升
冒险技巧值挑战
第九章
什么是立方

布洛布洛恍然大悟，在心里默默计算了一下，差点儿笑出声，压低声音说：“哈哈，国王这次被你害惨了。”

“你们两个嘀嘀咕咕地在商量什么？”国王不耐烦地看向他们两个，刚要发火，宫殿外忽然响起了一阵嘈杂的声音，士兵们跌跌撞撞地跑了进来：“国王大人，我们上当了，那些农夫说您不讲信用，造反了。”

国王的脸色一变：“我怎么不讲信用了？”

士兵们惊慌失措地回答：“农夫们说……说您不遵守承诺，不愿意把刚刚许诺的粮食交给它们。”

“不就是一棋盘的粮食吗？有什么了不起的？多给它们几麻袋，几十麻袋也行！”国王气急败坏地大叫了起来。

刚才一直陪着国王下棋的大臣就要哭出来了：“国王大人，这可不只是几麻袋的粮食，我刚刚计算了一下……”

大臣一边儿说着，一边儿把计算过程写给国王看：“按照一个棋盘有 64 个格子计算，1 加上 2 加上 2 的二次方……一直加到 2 的 63 次方，那么结果就是 18446744073709551615。”

“这个数很大吗？”国王看到一大堆数字，还是不清楚问题有多严重。

站在一旁的米果摇摇头，已经确定这个国王根本不懂数学，记载着数学知识的法典一定不是它编写的。

大臣只好用最简单的方法解释说：“简单来说，您欠农夫们的粮食，把我们的粮库搬空也不够啊！”

“可恶，我上当了！快召集士兵把那群农夫和这两个骗子抓起来！”

国王气急败坏地大叫着，可是为时已晚。刚刚在集市上看到布洛布洛被无缘无故地抓走，农夫们已经义愤填膺，加上国王刚刚不守信用，大家积累了多年的愤怒彻底爆发了，几乎所有人都拥进了王宫，齐声高喊着“打倒国王，释放布洛布洛”的口号，国王和奸商全部都被抓起来关进了监狱，等待着审判。

…… ……

米果离开的时间到了，他始终也没有弄明白，自己所经历的这一切，究竟是真实的，还是自己在纪念碑中的幻想。

但这已经不重要了，至少他可以肯定，纪念碑里布洛布洛的故事有着一个圆满的结局。

“临走之前再给我上一课吧。”布洛布洛依依不舍地请求。

“好吧。”米果感到鼻子一酸，他也很舍不得布洛布洛，“我刚刚给你讲过平方的知识，接下来就把立方的秘密也告诉你吧。”

知识加油站

立方是指一个数字与自己相乘后，再一次乘本身，也就是同一个数字三次相乘。和平方一样，立方是在数字的右上角添加一个比较小的数字“3”。

立方的计算方法如下：

1. 把一个数字与本身连续相乘三次，得出的就是这个数字的立方。

2. 用立方符号表示，我们可以得出同样的结果。

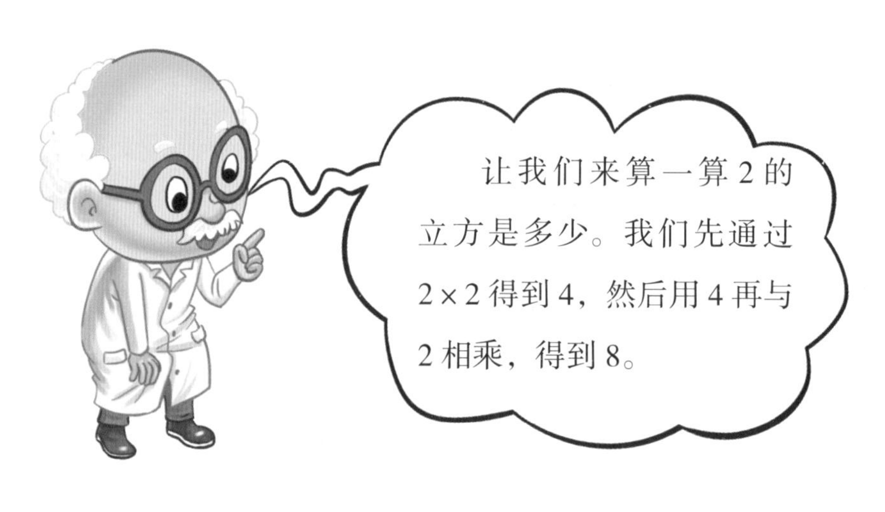

$2\times2\times2=?$ $2^3=8$

$2\times2=4$ $2\times2\times2=8$

$4\times2=8$

把立方用图形表示，图形就要从二维转向三维了：

1. 1 的立方还是 1，用一个正方体表示就够了。

2. 2 的立方是 8，我们就需要 8 个正方体了。

3. 3 的立方是 27，数一数，这个图形是不是由 27 个正方体组成的呢？

选票

扫码开始
冒险勇气值测试
冒险智慧值提升
冒险技巧值挑战
选票
第十章
比值和比例

米果用自己有限的数学知识为布洛布洛细心地讲解着，可是身体逐渐被一团烟雾包围，变得模糊了起来，慢慢消失在了布洛布洛的面前。

“米果，你做得很好，超出了我的期待。”

守护神龙的声音在米果耳边响起，烟雾慢慢散尽，米果发现自己又一次回到了英灵殿中。

“我刚才……是真的吗？”米果依然沉浸在刚刚发生的离奇故事中，语无伦次地问。

“我知道你想问什么。”守护神龙开口回答，“你一定想知道刚刚经历的究竟是幻觉还是真实发生的事吧？回头看一下纪念碑，你就知道答案了。”

宇宙博士先惊呼了起来：“米果，你不是已经从纪念碑里出来了吗？为什么上面还有你的浮雕画像？”

米果赶快抬头望向纪念碑，发现在纪念碑的浮雕上，原本只有布洛布洛站立的地方，竟然真的多出了一个新的身影，和自己长得十分相似，唯一不同的，就是在脑袋后面多了一圈光环，而布洛布洛正带领着无数个蜥蜴人向自己致敬。

“这究竟是怎么回事？”米果哭笑不得地问。

“你用自己的智慧和勇敢推动了红焰星的历史进程。原本可能被国王杀死的布洛布洛，在你的帮助下推翻了邪恶国王的统治，被推上了新国王的位置，成了红焰星的国王。当它拿到那本法典之后，发现里面记载的全部都是高深的数学知识，在未来的时光中，布洛布洛会慢慢学习并传播这些知识，把自己的国家变成一个富饶而美丽的国度。而你这个忽然出现、又消失在红焰星的少年，就被红焰星人当成了天神，至今还供奉在它们的星球上。”守护神龙解释说。

“不会吧？现在都已经是科技时代了，我还被供奉着？我只不过教了布洛布洛一些最基本的数学知识而已，竟然就被当成了神？”米果感觉有些不可思议。

“要知道，你刚刚去的地方是八千多年前的红焰星，这和迷信无关，如今你早已经成为红焰星孩子们的睡前故事里的主角了。”守护神龙笑着说，“就在不久之前，红焰星还为你和布洛布洛国王进行了投票，按票数的比值来看，你的受欢迎程度要远远高于布洛布洛。”

“比值？我倒知道什么是比例，可比值是什么啊？”米果好奇地问。

“关于比值的问题，稍后再给你解答吧。接下来，我要开始为你准备新的挑战了。”守护神龙懒洋洋地说。

“什么？还有挑战啊？”米果的“惨叫”声在英灵殿里回荡开来。

知识加油站

比值，就是两数相比所得的值。

1. 比值一般用除法来计算，用前项除以后项，如：

   6 : 3=6÷3=2，这个 2 就是 6 : 3 的比值。

2. 如果两个数的比值无法除尽，就可以用分数表示比值，例如：4 : 9 无法除尽，可以用分数$\frac{4}{9}$表示，比值就是九分之四。

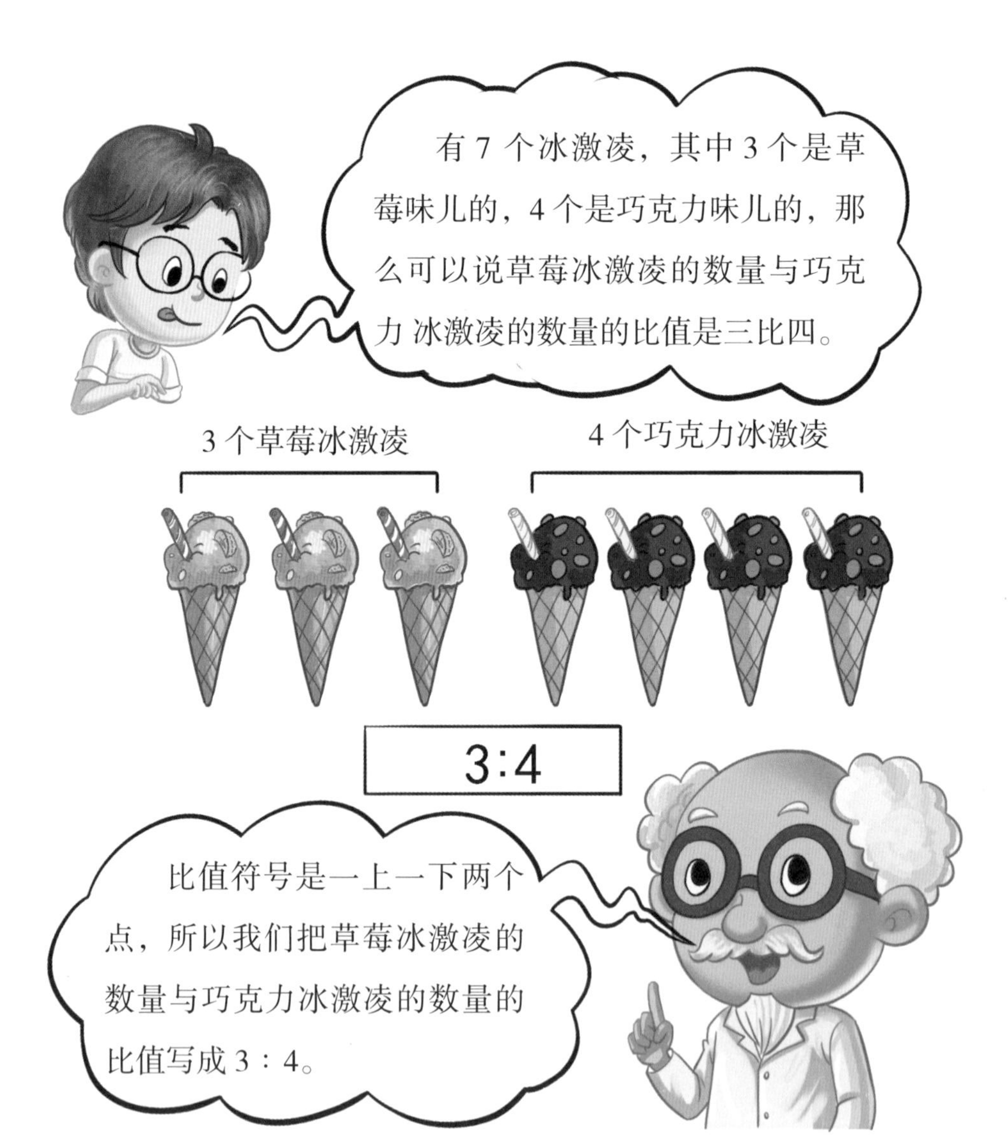

在红焰星最受欢迎人物的评选中，米果得了 4000 票，布洛布洛得了 800 票，所以我们可以这样计算比值：

4000 : 800=4000 ÷ 800=5

米果的票数是布洛布洛的 5 倍，看来米果是真的很受红焰星人的喜爱啊！

5:1

与分数一样，我们总想尽可能把比值化为最简形式。我们可以通过把比值中的两个数除以一个相同的数来进行化简。

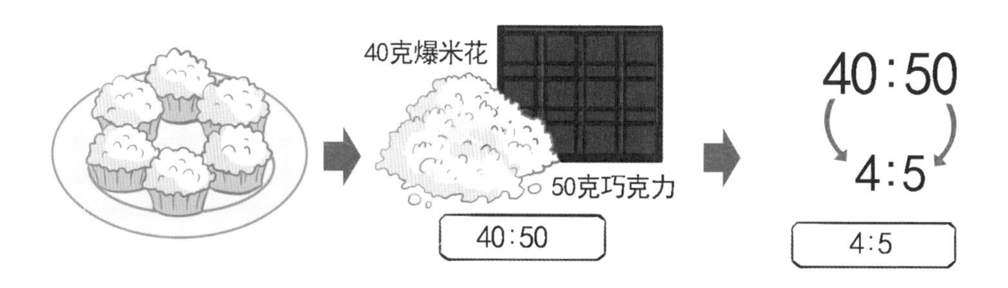

冒险勇气值测试
学习力测试
在线查看学习报告
冒险智慧值提升
趣味视频课
轻松攻克学习难点
扫码跟随小主人公
开启精彩奇幻的
数学时空大冒险
带上你的勇气与智慧，一起探索数学世界！
冒险技巧值挑战
数学小游戏
边玩边学其乐无穷